自然灾害知识普及丛书

泥石流

丛书编委会 主编

贵州科技出版社

图书在版编目（CIP）数据

泥石流 / 丛书编委会主编. -- 贵阳：贵州科技出版社，2021.12（2025.4重印）

（自然灾害知识普及丛书）

ISBN 978-7-5532-1028-5

Ⅰ.①泥… Ⅱ.①丛… Ⅲ.①泥石流－灾害防治②泥石流－自救互救 Ⅳ.①P642.23

中国版本图书馆CIP数据核字（2021）第256234号

出版发行	贵州科技出版社
地　　址	贵阳市中天会展城会展东路A座（邮政编码：550081）
出 版 人	朱文迅
经　　销	全国各地新华书店
印　　刷	三河市兴国印务有限公司
版　　次	2021年12月第1版
印　　次	2025年4月第3次
字　　数	82千字
印　　张	3.25
开　　本	889 mm × 1194 mm 1/32
书　　号	ISBN 978-7-5532-1028-5
定　　价	30.00元

《自然灾害知识普及丛书》编委会

FORWORDS 前言

相信，每一个人都听过有关自然灾害的报道、故事，有的报道和故事我们到现在还记忆犹新，有的不仅影响了我们的生活态度，甚至还影响了我们解决问题的思路。我们走在一条具有太多未知的人生路上，有时候大自然所带来的突发性灾难会让我们措手不及。面对汹涌而至的灾难，我们就只能像待宰的羔羊一样，于惊恐中“听天由命”吗？答案当然是否定的。

自古以来，面对自然灾害，无论是智慧的先祖，还是善用科学技术的现代人类，都有着一套属于自己的、丰富宝贵的防灾经验。从千古传诵的大禹治水的故事到今天宏伟的三峡工程，从被动地逃离雪崩区域到使用大炮轰击法治理雪崩，不仅展现了人类防范自然灾害能力的提高，也说明了人类对防灾、减灾、抗灾的重视。如果没有一套成熟的防灾理论与经验，并且没有把这些理论与经验很好地普及，那么当灾难来临的时候，很可能就是一座城的轰然崩塌和无数生灵的凄然毁灭，这都是我们无法承受的悲伤。但如果这些防灾与避险的相关知识能够得到很好的普及，那么可以肯定地说，悲剧一定会减少，人们不再消极、恐慌，而是多一些从容、多一些冷静，运用这些知识保护自己，拯救他人。

美国诗人洛威尔说得好：“灾难就像刀子，握住刀柄就可以为我们服务，拿住刀刃则会割破手。”面对灾难，大多时候人们都会在恐慌中分不清刀柄和刀刃，在盲目中仅凭直觉去应对，于恐惧中去挥舞刀子，最后却伤到自己，这是我们每一个人都不愿意看到的事情。所以，在这里，我们把正确“握刀柄”的方法告诉大家，向大家普及有关风灾、火灾、雪灾与凝冻、洪涝、泥石流、滑坡和崩塌等自然灾害的科学知识，联系发生过的自然灾害实例，解析最新的预防与自救的方法，希望大家在面对突如其来的自然灾害时能够从容应对。

我们漫步在广袤无垠的自然世界，我们享受着她恩赐的甘泽雨露，却又不得不面对她偶尔的暴脾气；我们希望她永远绽放笑脸，却又常常不能幸免于难。我们无法改变和拯救世界，但至少要学会保护和拯救自己。例如，在面对风灾、火灾、雪灾与凝冻、洪涝、泥石流、滑坡和崩塌等自然灾害时，我们可以利用它们本身的特性追根溯源，找到预防、解决或应对的方法。书中运用图片加文字解析的形式，通过简单通俗的语言向大家介绍多种常见自然灾害的预防办法及实用的自救措施，告诉人们虽然自然灾害来势凶猛、可怕，但是只要充分认识自然界，认识各种自然灾害，了解它们的特点、成因及主要危害，学习一些自然灾害应急预防措施与自救常识，就可以从容地面对自然灾害，并在自然灾害来临时成功逃生和避难。

本丛书精选了风灾、火灾、雪灾与凝冻、洪涝、泥石流、滑坡和崩塌六大方面的内容组成六本相互关联而又独立成册的系列丛书，每一本书中都有丰富有趣的手绘插图以及简明易懂的说明文字，用活泼的方式讲述自然灾害的发生规律，用通俗的语言叙述自然灾害的科普知识，给大家以启发，给大家以方法，给大家以收获。

丛书编委会

2021年12月

CONTENTS 目录

第一章
认识泥石流

第二章
泥石流的危害及预防

第三章
遭遇泥石流的自救与防疫

第四章
泥石流灾害的治理
——以东川小江流域泥石流为例

第一章

认识泥石流

泥石流概述

泥石流是由岩屑、泥土、沙石、石块等松散固体物质和水组成的混合体，在重力作用下沿着坡面或沟床向下运动的特殊洪流。

很多人分不清泥石流和滑坡，经常把泥石流误认为是滑坡。泥石流和滑坡有相同之处，它们运动的能量都来源于重力，但它们却是两种不同的自然灾害。泥石流是沿着

泥石流

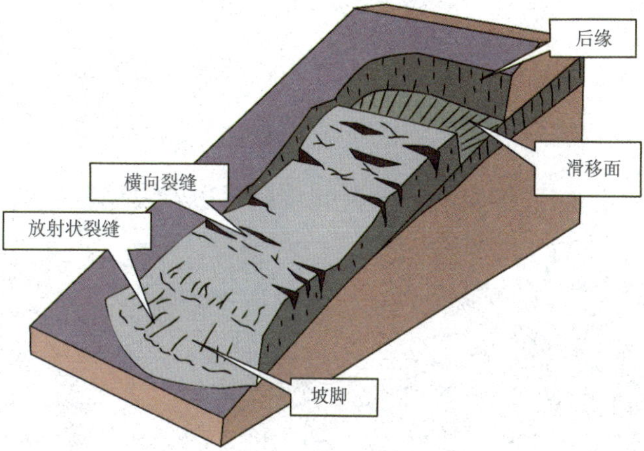

滑坡

沟床或坡面流动的，在流体和沟床或坡面之间存在着泥浆滑动面，但不存在山体中的破裂面，这是泥石流和滑坡最大的不同。

山体破裂

泥石流是介于滑坡与流水之间的一种地质现象，典型的泥石流是由悬浮着粗大固体碎屑物和富含黏土及沙石的黏稠泥浆组成。泥石流的形成需要适当的地形条件，当山坡中的固体堆积物质被大量的水体浸透，其稳定性就会降

火山地区

低，这些固体堆积物由于饱含水分，在自身的重力作用下就会发生运动，从而形成泥石流。通常泥石流暴发突然、来势凶猛，并且可以携带巨大的石块高速前进，其强大的能量会造成极大的破坏力。

峡谷和地震、火山地区是泥石流的多发区，并且在暴雨期具有群发性。泥石流暴发时，常常伴随着其他现象发生，比如浓烟腾空、山谷雷鸣、地面震动、巨石翻滚等，浑浊的泥石流沿着山涧峡谷冲出山外，在山口堆积。

由于泥石流的突发性、凶猛性、快速性以及冲击范围大、破坏力度强等特点，泥石流常常给人们的生命财产安全带来严重的威胁。

1.影响泥石流形成的因素

地形、水源和松散固体物质是形成泥石流的必备条件。但是，影响泥石流形成的因素却很多，也很复杂，包括地形地貌、气候降雨、土层植被、水文条件、岩性构造等。

地形陡峭，山坡的坡度大于25°，沟床的坡度不小于14°的地区通常容易孕育泥石流灾害。巨大的相对高差使得地表物质处于不稳定状态，在降雨、地震、冰雪融化等

滑坡型泥石流

一系列的外力作用下，容易向下发生滑动现象，形成泥石流。

形成泥石流所必需的固体物质主要由泥石流流域的斜

泥石流形成的物质基础：岩石

坡或沟床上大量的松散堆积物所提供。固体物质也是泥石流的主要成分之一，其主要来源有：冰积物，坡积物，山体表面风化层和破碎层，崩塌、滑坡的堆积物以及人工工程的废弃物等。

水既是泥石流的重要组成部分，也是决定泥石流流动特性的关键因素。我国多数地区受东亚季风的影响，因此引发泥石流最主要的水源是夏季的暴雨，其次是水库溃决和冰雪融化等。

泥石流活动可分为 3 个过程：形成—流通—堆积。在形成区，由于水分的充分浸润饱和，大量积聚的泥沙、岩屑、石块等物质会沿着斜坡开始形成土、石和水的混合流体。

流水侵蚀搬运堆积

一个活跃的泥石流形成区是会发展变化的，能够从简单的单向，发展成树枝状多向。在流通区，泥石流在发展过程中相对稳定，且主要集中在坡度较缓的山谷地带出现。一般地形较为开阔的地区是堆积区，在这里泥石流流速变慢，于是出现堆积现象。由于流域内来沙量的增长，堆积区会不断扩展、进逼。在泥石流的下游，则经常会出现堵塞或掩埋河道的现象，使原来的河道发生变形或改道。

泥石流的形成、流通和堆积过程，也是一次破坏和重新塑造地表的过程。

2.影响泥石流强度的因素

地形地貌、地质环境和水文气象条件 3 个方面的因素

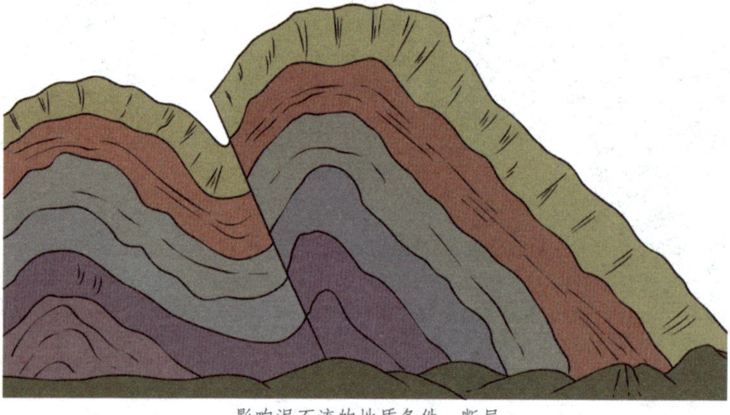

影响泥石流的地质条件：断层

影响泥石流的地质条件：褶皱

影响着泥石流活动的强度。泥石流固体物质的补给源主要来自破碎和高度风化的岩石。在沟谷，由于其长度较大、纵向坡度较陡、汇水面积大等因素，为泥石流的流通提供

风化的岩石

了极为有利的条件。泥石流的水动力条件主要来自水文气象因素。泥石流的强度和暴雨的强度有关系，通常情况下，在短时间内出现的大强度暴雨容易造成泥石流。

3.泥石流形成的必备条件

泥石流是岩屑、泥、沙、石块与水体组合在一起，并沿一定的沟床运（流）动的流动体，其形成须具备以下 3 个缺一不可的条件。

（1）水体

暴雨、水库溃决、冰雪融化等是水体的主要来源。

冰雪融化

（2）固体碎屑物

滑坡、山体崩塌、水土流失、岩石表层剥落、古老泥石流的堆积物及滥伐山林、开矿筑路等人类经济活动形成的碎屑物等，都是固体碎屑物的主要来源。

滥伐山林

（3）一定的斜坡地形和沟谷

泥石流形成的地形条件是自然界经长期地质构造运动形成的高差大、坡度陡的坡谷地形。

具备了以上 3 个条件，泥石流就会形成。但是它又是如何暴发的呢？通常有以下几种形式。

在暴雨的浸润、击打下，山坡坡面土层的土体渐渐失稳，沿斜坡下滑的同时与水体混合，于是侵蚀下切，形成悬挂

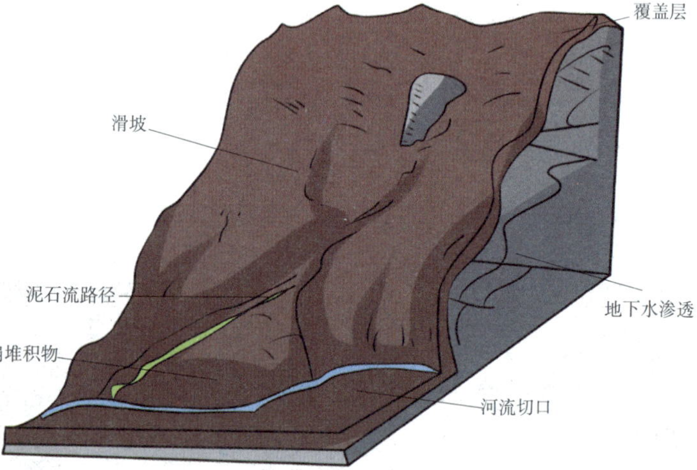

典型泥石流

于陡坡上的坡面泥石流。

沟谷中上段的沟床物质受地表水浸润冲蚀，随着冲蚀强度的不断加大，某些薄弱的沟段里的石块等固体物就会松动、失稳，然后遭到猛烈的掀揭、铲刮，并与水流搅拌形成泥石流。

沟源崩塌、滑坡土体触发沟床物质活动也能引发泥石流。即沟源崩塌、滑坡土体发生溃决，沟床固体碎屑物受到强烈的冲击，并随之运动，引发泥石流。

在泥石流形成的 3 个必备条件中，水体是最重要的因素。它既决定了泥石流的形成与否，又对沟谷中形成的泥石流有着重要影响。从泥石流产生的过程来看，连续的暴雨是造成泥石流的自然原因，而乱砍滥伐森林，造成山体表面水土流失严重，则是造成泥石流的人为原因了。

我国的泥石流灾害

我国是一个多山的国家，地质条件非常复杂，这使得我国成为世界上泥石流灾情最为严重的国家之一。我国受泥石流危害的主要地区是西南、西北山区，其次是秦岭一

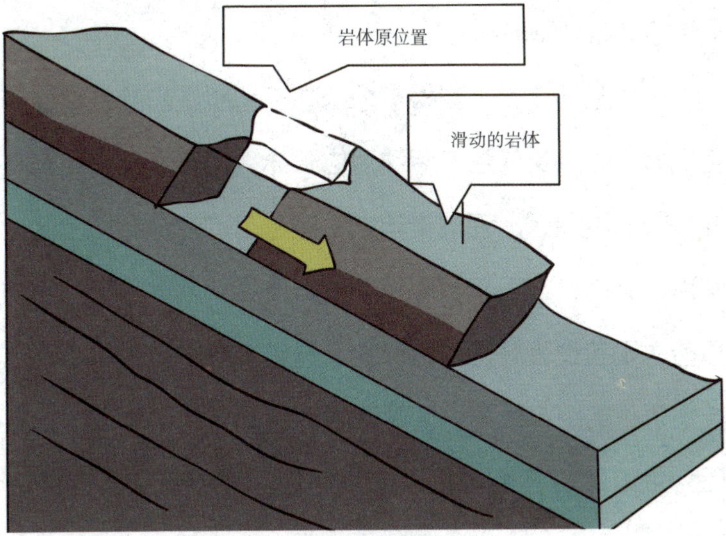

岩石表层剥落

大巴山脉，青藏高原东部、南部和北部边缘，以及太行山—燕山山区。

肆虐的泥石流给我们的生产、生活带来了无尽的灾难，无论是城镇、农田、工矿企业、交通运输，还是能源、水利设施和国防建设工程等，都遭受过泥石流的巨大威胁，每年都会造成严重的经济损失和人员伤亡。其中，铁路是受泥石流危害最严重的交通设施之一，这主要是因为其跨越的区域较为广阔。1949—1985 年，在发生的 1200 起泥石流灾害中，有约 300 起致使铁路被毁、行车中断，造成列车出轨和颠覆的有 10 起，造成 100 人以上伤亡的特大事故有 2 起，33 个车站被淤埋 41 次。每年至少有 7000 万元用于铁路的修复和改建工程。

虽然泥石流发生的根本原因在于地质结构的长期演变和发育，但人类的生产活动对自然环境的改变却是加速其发生的重要原因。近几十年来，随着工矿企业迁入山区，城镇、交通、农田和水利建设不断发展，人类的一些生产活动，如滥伐森林、过度放牧、开矿弃渣、劈山引水、陡坡垦殖、筑路弃土等，使得地表的自然结构遭到了严重破坏，生态环境不断恶化，最终促使了泥石流灾害的频繁发生。

1.泥石流成灾的原因

泥石流的流态和性质都不稳定，影响这一特性的因素有很多，如河床的形态和坡度、固体物质的组分和颗粒的大小、固体物质在流体中的相对含量等。除此之外，在运动过程中，时间和地点的不同也是对其造成影响的因素之一。

泥石流灾害通常具有突发性、运动速度快、能量巨大的特点，因此，它具有极强的破坏力。我国的云南东川地区，有世界泥石流的天然博物馆之称。该地区泥石流暴发的类型、频度、规模和危害均是不同寻常的。1985 年夏天，泥石流侵袭了云南省东川市（现昆明市东川区），将该市层层包围起来，市区与外界相通的公路和铁路设施有多处被摧毁，致使交通中断，停运时间长达半年之久，使得市区的生产活动基本陷入瘫痪状态。据不完全统计，自 1949 年

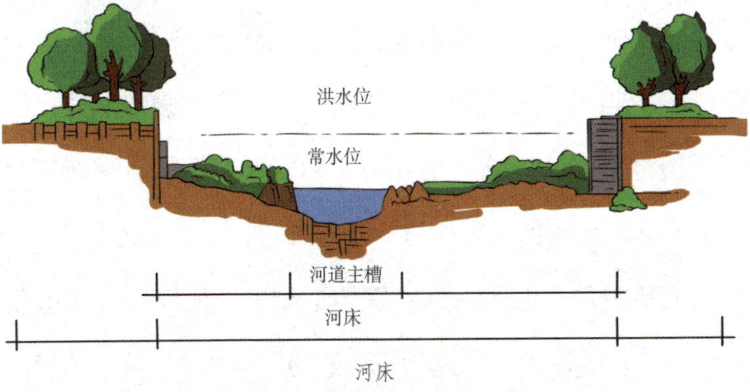

冰雪融化

以来，该市至少发生数百次泥石流灾害，造成直接经济损失数千万元以上，致使数百人伤亡。

相对来说，泥石流的分类比较统一，它可以根据固体物质的成分特征划分为两大单元，即稀性泥石流和黏性泥石流。此外，还可以将这两个大单元细分，划出一些过渡类型来。如特定的地形条件是泥石流形成的必备条件，在泥石流运动中，根据各个部位所起的不同作用，可将其分为形成区、流通区和堆积区 3 个区域。

山高谷深的地貌条件、顺坡堆积的大量碎屑物质以及在瞬间集聚的超量水源是构成泥石流发育的3个基本前提。

泥石流的发育和发生除了要具备与其有着密切关系的地貌条件和松散固体的物质条件，另一个主要条件就是水，它具有双重意义，即搬运介质和作为泥石流的重要组成部分。水库溃决、暴雨和冰雪融化等，是泥石流发育的必要水动力条件，尤其是特大暴雨，它是泥石流暴发的主要动力条件。由于其他灾害的影响，泥石流可能作为伴生灾害出现。

集中冲刷、撞击磨蚀和漫流壅积作用是泥石流成灾的主要原因。泥石流的流态取决于其固体物质的组成和流体黏度。稀性泥石流的容重和流体黏度都比较小，以紊流为主，因为其固体组分多由粗粒物组成；而黏性泥石流的容重与黏度则要大一些，它含有较多的细粒物，具有很强的搬运能力，其特点是整体运动。但是，不管是稀性泥石流的运动，还是黏性泥石流的运动，都具有直进性特征。直进性受黏度的制约，黏度越大，就有越强的直进性。当遇到障碍物或急弯沟岸时，就会形成猛烈的冲击力，破坏甚至摧毁阻碍物。此外，对于沟谷地形来说，泥石流的改道有裁弯取直的趋向，从而对地表径流的稳定性有一定的影响。泥石流正是因为这种特殊的运动特征，所以具有很强的危害性。

斜坡物质的稳定性被外界条件所破坏而发生的灾害有

滑坡、崩塌和泥石流。它们在发育的空间、时间及成因上通常有密切的联系。比如重力失稳就是其共同的诱因，所以将它们作为一个灾害系列是在防灾减灾研究中惯用的方法。

2.发生泥石流的时间规律

一般情况下，在连续降雨后，或是在一次降雨的高峰期会发生泥石流。发生泥石流的时间具有以下规律。

（1）季节性

泥石流的暴发具有明显的季节性，这和它的形成因素是分不开的。我们知道，我国的泥石流灾害主要是受连续的小雨、暴雨尤其是特大暴雨集中降下的激发而产生的。因此，集中降雨的时间就可能成为泥石流发生的时间，一般在多雨的夏秋季节容易发生。集中降雨的时间不同，泥石流发生的时间也就有所差异。6—9 月是四川、云南等西南地区集中降雨的时间，因此，西南地区的泥石流多发生在这一时期。而西北地区的泥石流多发生在 7—8 月，这是因为 6—8 月降雨比较集中，尤其是 7—8 月，暴雨强度也很大，据不完全统计，我国西北地区 90％以上的泥石流灾害发生在这两个月。

（2）周期性

受暴雨、洪水、地震的影响，泥石流的发生和发展也具有周期性，而且活动周期与暴雨、洪水、地震的活动周期大体一致。当洪水、暴雨两者的活动周期相叠加时，泥石流活动的高潮常常就会出现。例如，在云南省的东川地区，1966 年是强震期，东川泥石流的发生频率也就随之加剧，仅 1970—1981 年的这 11 年之中，东川铁路就遭受 250 余次泥石流灾害。又如 1981 年，在大周期暴雨的情况下发生的泥石流就包括东川达德线的泥石流、成昆铁路利子依达沟的泥石流、宝成铁路的泥石流和宝天铁路的泥石流。

3.不可低估的泥石流破坏力

泥石流是一种特殊洪流，它是突然暴发的，并含有大量泥沙、石块等固体物质，破坏力强大。由于泥石流容重大，常大于 1.3 吨 / 立方米，最大时可达 2.3 吨 / 立方米；流速快，通常为 5 ~ 7 米 / 秒，极快时可达 70 ~ 80 米 / 秒；泥石流中固体物质的体积含量一般大于 15％，最多时可达 80％。所以，泥石流不光有极其强大的搬运能力，它的侵蚀、搬

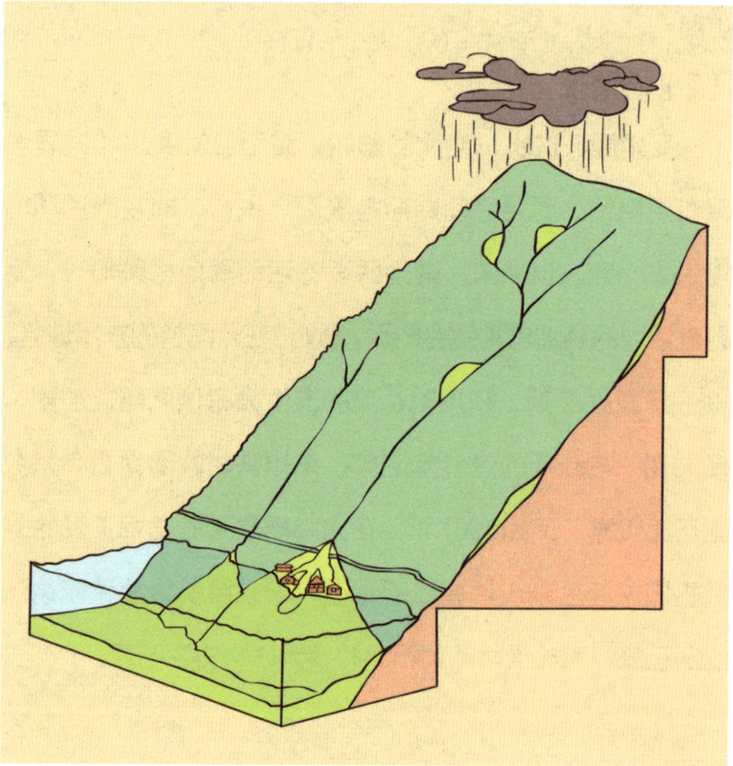

容重为1.3吨/立方米以上的泥石流

运和沉积过程也都极为迅速。有些泥石流甚至能搬走重达几百吨、长径达几十米的巨砾，而且它通常可以在几分钟至几小时，把几十万乃至几千万立方米的固体物质沿沟谷搬运至沟口，转眼就将周围地形改变。突然暴发、历时短暂、来势凶猛、破坏力大是泥石流的特点，泥石流经常冲毁耕地、破坏交通、堵塞河道、摧毁城镇和乡村，给社会经济和人民生命财产造成巨大的损失。2002 年 6 月 8 日，陕西佛坪、宁陕突发山洪、泥石流，共造成 455 人死亡、失踪；2004 年 9 月初，四川、重庆发生的山洪、泥石流、滑坡灾害，导致 233 人死亡、失踪；2008 年 9 月 8 日，位于山西临汾市襄汾县的陶寺乡塔山矿区因暴雨引发泥石流，导致该矿废弃尾矿库被冲垮，至少 151 人遇难；2008 年 11 月 5 日，云南发生滑坡、泥石流灾害，导致 40 人死亡，43 人失踪，电力、交通、水利、通信等基础设施不同程度受损，因灾直接造成的经济损失达 5.92 亿元；2009 年 7 月 27 日，四川米易发生山洪和泥石流灾害，导致 24 人

泥石流冲毁房屋

死亡，4人失踪；2009年8月，台湾高雄甲仙乡小林村遭到台风“莫拉克”引发的泥石流的袭击，造成至少129人死亡，300余人失踪；2012年5月，甘肃全省平均降水量为60.5毫米，其中岷县降水量高达155.7毫米。由于局部地区降水强度大，岷县、陇中、甘南、陇南多地发生山洪、泥石流灾害。其中，5月10日岷县发生特大冰雹、山洪、泥石流灾害，造成49人死亡，23人失踪，灾情最为严重。

在泥石流中被撞死的大蟒蛇

以上是发生在我国的部分泥石流灾害，泥石流在国外也频繁发生，造成的危害也很大。例如，1998年5月6日，意大利南部那不勒斯等地遭遇罕见的泥石流灾难，导致100多人死亡，2000多人无家可归；2005年，雅加达西南部一个村庄遭到泥石流的袭击，致使至少140人死亡；2005年6月3日，美国加利福尼亚州洛杉矶东南拉古纳海滩发生泥石流，6 幢价值数百万美元的豪宅和一段街道被冲下山，另有两人受轻伤；2006 年 2 月 17 日上午，一场历史罕见的泥石流突袭了菲律宾南莱特省圣伯纳德镇的村庄，把包括 200 多名小学生在内的几千人活埋在了泥浆之下；2010 年 9 月 28 日凌晨，墨西哥南部瓦哈卡州发生泥石流，近 300 套住房被掩埋，当地官员估计遇难人数超过 500 人。

近些年来，我国对崩塌、滑坡和泥石流的预报研究工作不断深入，通过研究它们的形成机制和时空分布规律，划分出危险区和潜在危险区，并建立了技术档案。根据地质、地貌及水文地质、工程地质条件，在水文、气象预报

泥浆

崩塌

隧道

工作的基础上，借鉴经验教训，提出了短期预报或即将发生的成灾预报，预报涉及灾害发生的时间、地点和规模等，中长期趋势预报的提出也以此为基础。对于崩塌、滑坡和泥石流的防治，要同时采用工程措施和生物措施。工程措施包括跨越工程（桥梁）、防护工程（护坡、挡墙）、穿过工程（隧道）等。生物措施就是要进行植树造林，防止水土流失，改良农牧业管理方式和耕作技术等。

植树造林

4.泥石流灾害的特点

（1）突发性

20 世纪 60 年代前后，我国进行了大规模的山区建设，如伐木炼钢，修路建厂，工厂搬进山谷，居民点建在沟口，当时人们还没有保护环境、预防自然灾害的意识。20 世纪 80 年代至 90 年代，不少铁路、工矿和城镇接连遭受了几次重大泥石流灾害，造成了严重的经济损失和人员伤亡。这些泥石流沟过去没有发生过泥石流，大多是新生的，但今后若不坚持治理，仍有可能发生泥石流灾害，我们将其称为低频率泥石流沟。因为这几次大的泥石流灾害的巨大损失和惨痛教训，国家开始重视对泥石流沟的综合治理，同时注重保护环境，加强居民防灾意识。相关部门对那些典型泥石流地区进行普查，制订相关的防治方案。每年都有专项经费拨到云南和四川，用于泥石流的工程和生物防范措施。此外，水利、铁路部门还专门投入了大量资金研制泥石流的预测预报装置。

（2）常发性

泥石流灾害大部分是高频率泥石流沟引起的。例如，云南东川蒋家沟每年发生的泥石流可达几十次，据粗略统计，该地区大型泥石流灾害在历史上就达 7 次之多。由于泥石流堵江现象的发生，每次都给东川地区的农业、矿山工业和交通造成严重的经济损失。我国其他几条高频率泥石流沟，如云南大盈江的浑水沟、四川的黑沙河等，也都常常发生泥石流。在 20 世纪 60 年代至 70 年代，这类泥石流沟开始受到我国政府的重视，相关部门专门对其进行调查、观测，并对某些泥石流沟进行了长期的综合治理，此外，在重要地段还设置了预警预报装置。值得欣慰的是，这类泥石流沟近年来没有给国家带来大的灾难。

（3）群发性

局部大暴雨笼罩的区域通常在几百至一千多平方千米，正好是我国山区一个小流域的范围。24 小时最大降水量，在云南大部分地区为 100 ~ 150 毫米，在四川盆地东南和贵州为 100 ~ 200 毫米，在长江上游的青衣江流域可达 300 毫米以上。在西南地区，当暴雨袭击具备发生泥石流条件的流域时，流域内各条泥石流沟往往受暴雨引发而同时发生泥石流。例如，1997 年，小江流域的蒋家沟、大桥河、小白泥沟、大白泥沟等数十条支沟因受一场暴雨的袭击而同时发生泥石流；1998 年 8 月 13 日，一场暴雨引发了四川遂宁 183 处滑坡、泥石流灾害，波及了 825 个村庄，其中

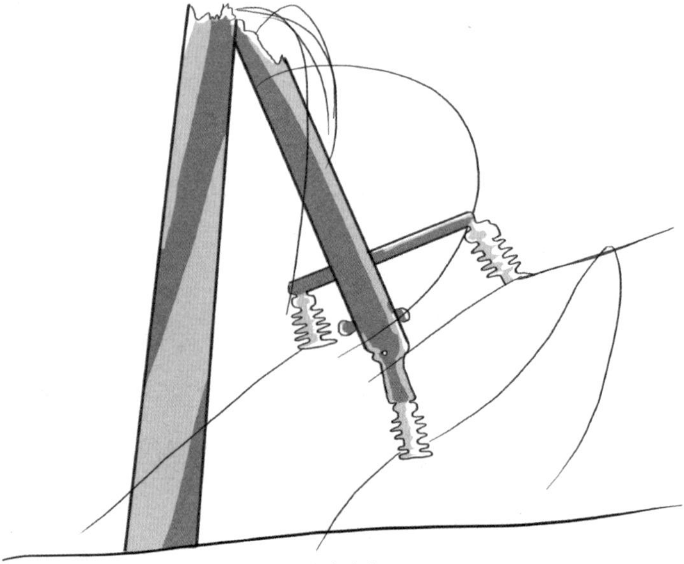

电力中断

有3人受伤，6人死亡；1999年12月15日至16日，委内瑞拉北部阿维拉山区加勒比海沿岸的8个州连降特大暴雨，致使山体大面积滑塌，数十条沟谷同时暴发大规模泥石流，冲毁了大量房屋与多处公路，导致大片农田被毁，据估计，委内瑞拉全国共有33.7万人受灾，14万人无家可归，死亡人数超过3万，造成的经济损失高达100亿美元；2012年8月30日，四川省凉山彝族自治州锦屏水电站施工区内外，因局部强降雨引发崩塌、滑坡、泥石流等地质灾害多达100余处，道路、隧洞、桥梁受到严重破坏，交通、通信、电力全部中断，造成重大人员伤亡。

（4）同发性

泥石流与洪水、崩塌、滑坡在一个地区往往是同时发生并形成灾害，这主要是因为它们的发生条件，即降雨条件是一致的。1998 年 7 月至 8 月，大洪水漫延全国多地，特别是西南山区，随之不断发生的还有滑坡、泥石流灾害，造成了重大的经济损失和人员伤亡。1999 年 6 月 15 日，由于四川省连续降雨数日，使得四川松潘县岷江左岸发生大滑坡，16 日，岷江右岸大沽鲁沟发生泥石流，致使村庄被冲毁，造成 3 人死亡，10 人重伤，20 人失踪。泥石流、滑坡冲入岷江，淤堵了近 300 米的江面，使河水上涨，淹没了数百米长的沿江公路，造成上千游客出行受阻。

（5）转发性

滑坡是块体运动，泥石流为固液混合流，它们的运动方式不同，但有时，滑坡可迅速转化为泥石流灾害，像这类灾害，我们称之为转发性灾害。转发性灾害在我国也发生过多起。例如四川境内南江滑坡转化为泥石流灾害，造成几百人丧生；又如云南个旧的老熊洞冲滑坡转化为泥石流灾害，冲毁了一个工厂，致使百余人死亡。

滑坡转化为泥石流最典型的案例是在 1997 年 6 月 5 日，四川省美姑县发生特大滑坡转化为泥石流灾害，4 个村庄受

滑坡型泥石流

到波及，造成151人死亡，1527人受灾，毁坏房屋307间、土地437万平方米，直接经济损失达1529万元。本次滑坡

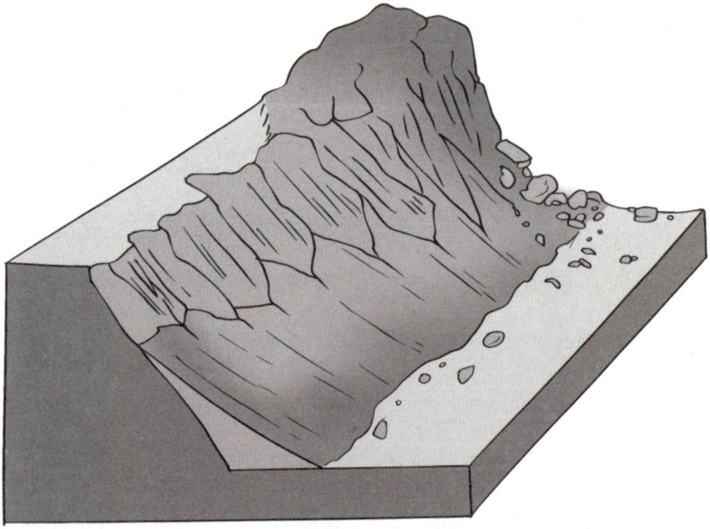

从块体滑动到流体运动

转化为泥石流为同一过程的两个阶段，即首先发生滑坡，后发展为泥石流。为了能与一般的滑坡和泥石流相区别并方便研究，我们把这种自然现象称为滑坡型泥石流。总的来说，滑坡型泥石流是一种特殊的由块体滑动到流体运动的变态过程。由于它的运动速度很快、冲击力大、爬升高度大，具有强大的冲击气浪和震动，破坏性比一般的泥石流严重，因此更要加强对它的预防和研究。

随着泥石流灾害事件的发生和对其研究的深入，我们对泥石流灾害的特点的认识也在逐步加深。20 世纪 90 年代以来，泥石流这类灾害往往同滑坡、崩塌、山洪等灾害同时发生，成为群发性灾害。因此，我国政府的管理部门往往把这几种灾害归属在一起，将其统称为地质灾害。

5.我国泥石流的分布规律

我国广大山区几乎都具备泥石流形成的基本条件。受人为活动和自然因素的共同作用，我国泥石流分布广泛，类型多样，活动频率高，从而使我国成为世界上泥石流灾害严重的国家之一。

泥石流地貌

（1）地形阶梯的两个过渡地带

泥石流主要发生在我国三个地形阶梯中的两个过渡地带。它们是青藏高原向次一级的盆地或高原（四川盆地、塔里木盆地、准噶尔盆地、云贵高原、黄土高原）的过渡地带，包括岷山、昆仑山、祁连山、龙门山、横断山和喜马拉雅山等。次一级的高原盆地向我国东部低山丘陵的过渡地带，包括秦岭、小兴安岭、大兴安岭、燕山、巫山、太行山、大巴山、长白山、云开大山等。

（2）高原及边缘山区

青藏高原及边缘山区：青藏高原平均海拔4000米以上，

有很多冰雪连绵的巨大山脉，我国冰雪消融型泥石流的分布地带就在此地。

黄土高原及边缘山区：包括秦岭、乌鞘岭、太行山、日月山的广大地域。在干燥气候条件下，大量的黄土堆积起来；在湿润的气候条件下，黄土遭到强烈的流水侵蚀，被塑造成特殊的黄土沟谷地貌。它与塬、梁、峁等地貌组合，使黄土高原成为一个千沟万壑、地表支离破碎的地貌形态。此区域是我国典型的暴雨型泥石流发生区。

云贵高原及边缘山区：云贵高原地处我国西南，包括贵州、广西北部、云南东部以及四川、湖南、湖北部分地区。云贵高原东南低、西北高，一般海拔 1000 ~ 2000 米。云

高原冰山

贵高原的地貌有以下特点：滇中、滇东和黔西北角常保持较平缓高原地面，外围大部分地区被江河切割成层峦叠嶂、坎坷崎岖的山地性高原。我国暴雨型泥石流的分布地带就包括此区域。

黄土高原

除了高原及边缘山区外，泥石流在我国的东北山区和华北山区，如辽宁省境内、北京的西山和太行山都有出现。我国其他地区的山区，如福建的安溪，香港的大屿山和青山，台湾的南投、花莲等，都分布有不同类型的泥石流。

6.小江流域泥石流分布区

小江全长 138.2 千米，流域面积为 3043.45 平方千米，它发源于滇东北高原的鱼味后山，自南向北，流经寻甸、东川和会泽，而后注入金沙江。小江河谷于著名的小江深大断裂带上发育，这里有着错综复杂的老构造和运动强烈的新构造，又属强地震区，且有较为特殊的自然条件和人类活动，促使形成泥石流的各种因素交织在一起，从而成为我国最易发育泥石流的地区。

根据成因类型分类，小江流域泥山流区属于暴雨型泥石流区。仅在东川区附近不足 90 千米长的小江两岸，就有 107 处灾害性的沟谷型泥石流，此外还密布有成群的、难以计数的小规模坡面型泥石流。一到雨季，一条条泥石流由于受到暴雨的激发，就会破山而出，倾入小江，严重危害到当地的城镇、村寨、矿山、道路、农田、水利设施和江

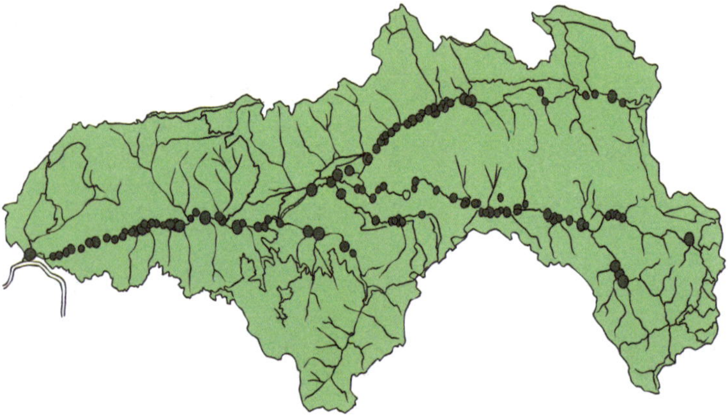

小江流域泥石流分布

道整治工程等。泥石流灾害已成为阻碍小江流域经济发展，威胁人民生命财产安全的重大灾患。而且大量由泥石流冲出来的泥沙石块，在小江的输送作用下到达金沙江，在两江汇合处形成了巨大的险滩，严重影响了金沙江航道的开发利用。

可以根据泥石流的发育情况、活动特点及其对社会环境和自然环境产生的影响，将小江流域的泥石流划分为 1 个非泥石流活动区和 4 个泥石流活动区。

（1）高原湖盆平坝非泥石流活动区

高原湖盆平坝为小江东支大白河功山以上河段及小江西支块河甸沙以上河段。这里是云贵高原的一部分，高原、平坝、湖盆、浅谷相互交错组合，区内山丘连绵，海拔达

2000 ~ 3000 米，平坝、湖盆星罗棋布，地面起伏和缓。林木繁茂，草灌丛生，农田草场毗连，坡面侵蚀与沟谷侵蚀作用轻微，有着优越的生态环境和协调的人类经济活动，属非泥石流活动区。

（2）中山峡谷泥石流弱活动区

功山至拖沓沟段的小江，沿着滇东北高原下切，然后高原解体，表现为山地峡谷地貌，区内海拔 2500 ~ 3000 米，小江上游西支甸沙以下的河段也是这种类型。该区有较好的地面植被，但多为次生林和草灌丛。山体和沟谷均有少量的小型坡面泥石流发育，而在地形高差较大、人烟密集的地段，则已出现较大型的沟谷泥石流，这是人类活动对山地地表的破坏造成的。与小江中下游河段相比，这里的泥石流沟稀少，泥石流的暴发频率低，造成的危害较轻，主要是淤埋农田，使部分村寨的安全受到威胁，属泥石流的弱活动区。

（3）高山宽谷泥石流极强活动区

小江上游东支大白河段的拖沓沟至小海河，位处小江深大断裂带东西分支夹持的中间块体上，地应力集中，线性构造密集，所以有着破碎的山体，大型崩塌、滑坡分布广泛。此河段由于地表风化剥蚀强烈，以及人类活动对山地环境的破坏，如陡坡垦殖、过度砍伐和放牧、引水工程渗漏等，使得滑坡、崩塌频频发生，为泥石流提供了丰富的固体物质，所以坡面侵蚀和沟谷下切非常活跃，形成了成群密布的泥石流沟。在这个河段内，由于泥石流暴发频繁，屡屡毁坏当地的公路、铁路、农田水利设施等，使之成为小江流域泥石流最活跃、最难整治的地段。小江因此有众多的大型沟谷泥石流的倾入，迫使其主流左右游移，在群扇之间摆荡，形成宽坦游荡性的河床。两岸泥石流活动对河谷形态变化以及河床的纵横向变化起着主要的作用。最近几十年间，泥石流曾多次堵塞此段小江河道，造成江水

过度放牧

断流，使这里成为小江河床淤积上涨速度最快的河段之一。

防护方案

小江上游的金源乡也是一个泥石流活动极强的区域，此处泥石流的形成发育过程同样受小江深大断裂带的控制。几条大型沟谷泥石流一旦破山而出，就会冲入河内，使得大片河滩堆积起累累巨石，变成一个乱石滩。为了远离泥石流的危害，附近村寨纷纷搬向别处，一部分人安身于山脚泥石流堆积扇两侧，还有一部

乱石滩

分人则迁徙到山上，另谋生路，但是还是有个别村寨仍处在泥石流活动波及范围之内。泥石流堆积区的泥石流沟床如果高于村寨住宅，就会很危险，为了保证这些村寨的安全，还需要进行专门的调查研究，找出一个稳妥可靠的防护方案，以减少或避免泥石流的危害。

（4）高山宽谷盆地泥石流强活动区

这一段位于小海河至蒋家沟之间，地处小江中游几条长大支流，如块河、乌龙河、小清河、黄水箐等的入汇处，有着宽谷盆地与两侧高山夹持的地形地貌，是新村（位于东川区）盆地所在地。该段两岸泥石流沟分布比较稀疏，大部分分布于右岸，以牯牛岭为原点，几条大型沟谷泥石

人为活动可能导致泥石流

蒋家沟

流呈放射状流向小江。特别是东川区后山的深沟、小海河、石羊沟、尼拉姑沟、田坝干沟等几条泥石流沟，就穿越了东川区，呈居高临下的险恶之势，潜伏着巨大的隐患。东川区北部的大桥河是著名的大型灾害性泥石流沟，经过综合治理，现在差不多已经可以将泥石流灾害控制住。其他临近东川矿区的地域，如黄水箐、菜园沟、赖石窝沟等，具备泥石流形成的各种条件，如果不加强治理力度，采取适当的措施改善开矿弃渣、陡坡开垦和其他人为的有害活动，则有可能发生人为（矿山）泥石流，政府应当予以重视。

蒋家沟的泥石流在历史长河中，曾 8 次堵断小江，酿成巨灾。此地的泥石流暴发频繁高、规模巨大、危害严重，不仅直接危害蒋家沟流域及其下游诸江段，而且波及上下游十几千米区域，成为小江流域众多泥石流沟中最难整治的一条灾害性泥石流沟。

（5）高山深谷泥石流极强活动区

蒋家沟以下到小江与金沙江汇合处，处于小江下游，此段适应金沙江的下切，河谷呈深槽形下切，没有连续的、明显的阶地，河床与两侧山地高低悬殊，形成高山深谷地貌。

由于受到小江断裂活动和新构造运动的影响，此处岩体破碎、崩塌频繁、滑坡遍布。两岸泥石流沟源头区，岩体崩塌时会产生轰鸣的响声，而且有着极为丰富的固体物质。与蒋家沟以上河段相比，这里基岩裸露、山体光秃、沟壑交错、山石破碎、坡面侵蚀和沟谷侵蚀都非常强烈，谷坡与沟缘的崩塌错落现象随处可见，是较典型的干热河谷区。在汇入小江的 30 多条泥石流沟中，成灾严重、规模巨大的有尖山沟、达朵沟、豆腐沟、太平村沟、幸福村沟、大坪子沟和牛坪子沟等。小江主流线被巨大的堆积扇逼向一岸，下游左岸泥石流沟群紧紧并列，堆积扇首尾相连成片，延续区域达 5000 米。这里由泥石流作用而形成的沙石化现象非常明显，河床淤积严重，农田屡遭毁坏。由于河谷区气候恶劣，洪水和泥石流灾害频繁发生，村寨都迁移到山脚至山腰部位，大部分河滩地处于荒芜状态，目前正在逐步开发利用。

除了小江流域外，我国最活跃的泥石流分布地带还有：西藏波堆藏布的波密一林芝一带；流经甘肃武都境内的白龙江两岸；流经四川的泸沽至西昌间的安宁河谷；长沙江中下游河谷；云南大盈江中游河谷。它们都是受江河或支流强烈切割的高原和高山区的河谷地带。

岩体崩塌

7.泥石流的分布特点

泥石流一方面受地貌、地质和气候控制，有一定的区域分布规律；另一方面也受到一些其他外力因子的作用，出现局部的区域性特点，具体体现如下。

（1）沿迎风坡密集分布

横断山脉地形陡峭，是东南、西南季风的天然屏障，这里的泥石流分布集中，另外秦岭和燕山的泥石流分布也很集中。

（2）沿强烈地震带成群分布

深大断裂带是现代地震的多发区，这里岩层破碎，有储量丰厚的松散碎屑物。一旦受到强地震破坏，地表就会严重受损，坡地也不再稳定，坠落的大量松散碎屑物质积聚在沟床内，使河水泄流不畅，为泥石流的发生创造了有利条件。比如 1950 年 8 月 15 日，由于西藏察隅县发生 8.6 级大地震，使得藏东南一带的泥石流活动迈向了一个新阶段，并持续了约 10 年的时间。

（3）沿深大断裂带集中分布

深大断裂带不仅含有储量丰厚的松散碎屑物，而且还为小流域沟谷的发育赋予了有利的环境，使这些地段成为泥石流活动的密集带。比如西藏波堆藏布断裂带、甘肃白龙江断裂带、四川安宁河谷断裂带、云南小江断裂带等，都是著名的泥石流活动的密集带。

（4）沿生态环境严重破坏地带分布

修路、筑路、伐木、采矿、开荒等种种不当的人为活动，不但破坏了地表的植被、土壤的抗蚀层，还引发了斜坡地失稳、沟谷阻塞、排水不畅、地下水位上升等危害，造成老泥石流复活或引发新的泥石流。比如四川冕宁盐井沟矿山泥石流、云南个旧尾矿坝溃决泥石流、海南铁矿排土场泥石流都是因此而产生的。

伐木

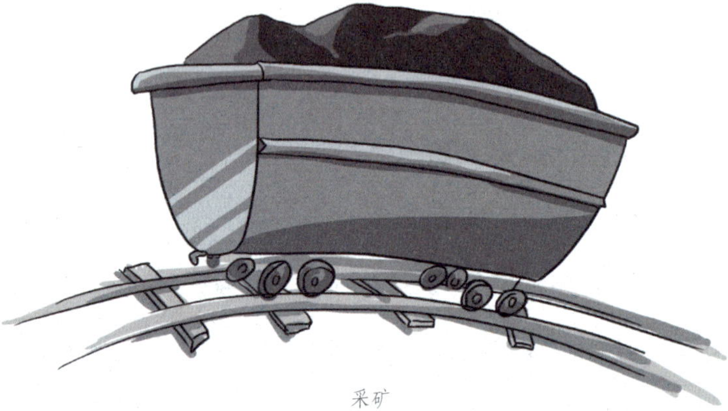

采矿

8.影响泥石流分布的因素

我国泥石流的分布明显受地形、地质和降水条件的影

风化严重的岩石地带

响。在地形方面，泥石流主要分布在山区；在地质方面，泥石流主要分布在较软弱或风化严重的岩石地带。我国泥石流还与降水情况有着密切关系，多发生在暴雨、大暴雨的时候。

我国泥石流集中分布在青藏高原及其周边地区，东部的山区、低山丘陵和平原的过渡带这两个区域。这是我国泥石流密度最大、活动最频繁、危害最严重的地带。

以上两个分布带中，泥石流又在一些沿大断裂、深大断裂发育的河流沟谷两侧集中分布。

在各大型构造带中，片岩、板岩、片麻岩、千枚岩、

板岩

混合花岗岩等变质岩系，页岩、泥岩、煤系、泥灰岩等软弱岩系和风化沉积形成的第四系堆积物分布区，是高频率泥石流的集中分布地。

片岩

泥石流的分布还受到大气降水、冰雪融水的显著影响。气候在干湿季有明显的差异，偏于暖湿，局部有高强度暴雨或冰雪融化速度快的地区，如云南、四川、陕西、甘肃、西藏等地也是泥石流的多发区。由于东北和南方地区未受到上述显著特征的影响，泥石流的发生频率则比较低。

需要注意的是，泥石流的形成分布不仅受自然因素的影响，如地形地貌、地质构造、地层岩性、气候因素以及新构造活动等，人为活动也能对其造成影响。

9.泥石流的分类

泥石流中的固体物质大小各异，较大的石块粒径可在 10 米以上，小的泥沙颗粒粒径只有 0.01 毫米，其粒径可以相差 100 万倍！此外，泥石流中固体物质的体积比例也有很大的变化。小规模的泥石流，固体物质体积可能只占总体积的 20%；而大规模的泥石流，固体物质体积就可达总体积的 80%。因此，泥石流的密度能够达到 1.3 ~ 2.3 吨/立方米。

如果我们把泥石流中的固体物质称为“石”，把含水的黏稠泥浆称为“泥”的话，泥石流按照“石”和“泥”的分配比例，可以有 3 种形式：

（1）黏性泥石流

“石”多“泥”少，固体物质占总流体将近一半的比例，最高的可达 80%。这时候水已经成为黏性泥石流的组成物质，而不是搬运介质。黏性泥石流稠度大，流体中的石块呈悬浮状态，具突发性强、持续时间短、破坏力大等

黏性泥石流

特点。

（2）稀性泥石流

“石”少“泥”多，水是主要成分，黏性土的含量很少，固体物质占总流体 10% ～ 40%，有很大的分散性。其中水作为搬运介质，石块在水的作用下，以滚动或跃移的方式前进，下切作用强烈。这种泥石流有时也被称为“泥流”。

（3）过渡性泥石流

“泥”和“石”的分配比例较均衡，由大量黏性土和不同粒径的砂粒、石块组成，从整体上体现了水和泥沙石块的分配组合特征。

过渡性泥石流

以上根据“泥”和“石”的分配比例对泥石流进行分类是我国最常见的分类方法。除此之外，还有多种分类方法，下面简单列举几种较常见的分类方法。

按泥石流的成因分类：如降雨型泥石流、冰雪消融型泥石流。

按泥石流沟的形态分类：如山坡型泥石流、沟谷型泥石流。

按泥石流流域大小分类：如小型泥石流、中型泥石流、大型泥石流。

按泥石流发展阶段分类：如发展期泥石流、旺盛期泥石流、衰退期泥石流。

第二章
泥石流的危害及预防

泥石流的危害

泥石流的特点是暴发突然，来势凶猛，非常迅速并且具有崩塌、洪水破坏的双重作用，其危害程度比单一的崩塌、洪水的危害更为广泛和严重。

泥石流密度高、流速快，可携带巨大的石块，在重力作用下，巨大的势能转变成强大的动能，具有极大的破坏力。

1.泥石流危害的表现

泥石流的特征决定了泥石流的危害方式主要有两种：冲刷和淤埋。泥石流的危害具体表现在以下几个方面。

（1）对居民点的危害

泥石流是最常见的自然灾害之一，暴发时常常会冲进城镇、乡村、工厂，摧毁房屋、道路及其他场所设施，毁坏土地，掩埋人畜，有时甚至会造成村毁人亡的灾难。1969 年 8 月，云南省大盈江流域弄璋区南拱泥石流，毁坏了老章金、新章金两村，共有97人丧生，造成经济损失近百万元。2001年7月29日晚，台风“桃芝”从台湾东部登陆后，连日的狂风暴雨致使台湾东部、中部遭受严重的山洪、泥石流灾害，土石横流，堤坝溃决，民宅及农田被冲毁。这次灾害导致91人死亡，133人失踪，189人受伤，造成的农业损失超过60亿新台币；花莲县光复乡大兴村惨遭灭村之灾，整个村子都被土石掩埋，村内看不到一间像样的房舍，一杨姓家族共有10人全部被这次灾难夺去了生命。

（2）对铁路、公路的危害

泥石流可直接埋没车站、公路、铁路，摧毁桥涵、路

泥石流毁坏公路

基等设施，致使交通中断，还可以导致正在运行的汽车、火车颠覆，造成重大的人员伤亡。有时泥石流汇入河道，引起河道大幅度变迁，间接毁坏铁路、公路及其他构筑物，甚至迫使道路改线，造成巨大的经济损失。中华人民共和国成立以来，泥石流给国内公路和铁路等交通设施造成了不可估量的损失。

（3）对水电、水利工程的危害

这类危害主要是泥石流冲毁引水渠道、水电站及过沟建筑物，淤埋水电站尾水渠，并磨蚀坝面、淤积水库等。

水电站

（4）对矿山的危害

这类危害主要是泥石流摧毁矿山及其设施，伤害矿山人员，淤埋矿山坑道，造成矿山停产，甚至使矿山荒废。

我国西部山区的大部分矿山存在着不同程度的泥石流威胁或危害。经常发生泥石流淤埋矿区、毁坏矿井的现象，导致某些矿产开采比较困难，破坏了大量的矿产资源。贵州的六盘水煤矿、四川的攀枝花铁矿、云南的东川铜矿和新建的神府－东胜煤田矿区均有大量的泥石流活动，严重威胁或危害着矿产的开采和矿区的安全。

（5）泥石流对农田的危害

在泥石流活动过程中，因支沟泥石流的活动，使泥石流沟中上游的土地遭到严重破坏，耕地成为侵蚀劣地。泥石流是造成土地侵蚀荒漠化的主要营力之一，下游和土地（包括耕地）遭到泥石流淤埋，成为沙砾滩。

（6）泥石流对江河的危害

黄河、长江日益突出的江河泥沙灾害与泥石流活动密切相关。长江三峡的泥沙，特别是粗颗粒泥沙，主要起源于流域内的 6800 条泥石流沟。无论是嘉陵江、金沙江还是岷江，很大一部分泥沙来自泥石流活动区，这些江河经过泥石流活动区后，含沙量通常急骤增加。黄河

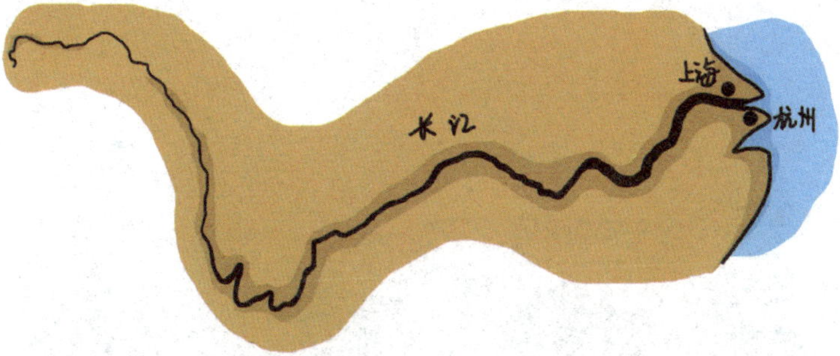

长江

的泥沙主要来自黄土高原，黄土高原的陕北、晋西、陇西和陇东4个泥石流活动区，正是黄河泥沙的主要供给区。近年来，日益明显的“小水大灾”在珠江、长江、淮河均有发生，即洪峰流量相对较小，但洪水水位很高，洪水灾害严重。导致这种情况的原因很多，但主要原因是江道淤积。另一种情况是“枯水流量锐减，甚至断流”。近年来，黄河经常出现这种现象，西部山区许多中小型河流，这种现象也比较明显。当然造成这种现象的因素也很多，但主要是河床淤积展宽，流域生态环境恶化造成的。泥石流的危害，通过其输入江河的泥沙，延伸到平原地区，对平原地区的可持续发展也造成一定的影响。

（7）泥石流对环境的危害

泥石流对山区的村寨、城镇、交通、农田、工矿等造

农田

成严重危害，不但使人类的生存和发展环境受到直接影响，而且还影响到矿产、土地、森林和淡水等资源的保护和利用。

泥石流对环境的影响

同时，泥石流把大量泥沙输入江河，加剧了江河的泥沙灾害，把泥石流危害延伸到平原。因此，对于泥石流的危害，不仅要调查与研究直接受害对象，还要高度重视其对周围环境产生的消极影响。泥石流灾害越是严重的地区，这里的地质环境、自然环境和生态环境也越是恶劣。例如，云南小江流域在300年以前还是森林葱郁、山清水秀的好地方，但自然环境经过几个世代的破坏，再加上松动薄弱的地质岩性条件，泥石流开始发生，到现在已发展成我国自然环境、地质环境和生态环境最恶劣的地区之一。

2.暴雨引发的山洪和泥石流危害

如果河流是常年流水的话，那么暴雨引起的就是一种暂时的或季节性的地面流水。不管在气候干旱（年降水量300～600毫米）的北方，还是多雨（年降水量可达2000～3000毫米）的南方，都有这样的现象：7—9月集中了全年70%～80%的降水量。在南方的许多地区，干季和雨季的划分就是由降水量决定的。

一旦发生暴雨，山间的各种低地都会成为集水区，山洪也由此迅速汇集。山洪流速快、水量大，常裹带大量石块和泥沙，一旦暴发，就会造成冲垮公路、铁路、桥，毁坏村庄建筑等灾难性结果。当其流到山涧出口处或冲沟时，地势突然开阔平坦，水流速度很快降低并在沟口外四向分散，其携带的石块泥沙堆积下来，称为洪积物。根据洪积物的形状可以分为洪积锥和洪积扇。洪积锥是指洪积物呈上尖下圆的锥形。如果锥面的坡度比较缓，就称洪积扇，自扇根到扇缘，沉积物从粗大的石块变为亚黏土和粉砂。若干个相邻的洪积扇扩大相连成为围绕山脚的洪积裙，进一步发展，就会成为微向山外倾斜的洪积平原。

泥石流在某些方面与山洪相似，如其成因、流经的3

桥

个区段等。不同的是泥石流中石块等固体物质的含量大于15%，多见于南方。泥石流的前峰是一股高密度的浓浊洪流，其中泥沙、石块等的含量高达 60% ~ 80%，形成高达几米甚至十几米的“龙头”倾泻而下。泥石流的能量很大，甚至可以轻易带走直径大于 2 米的石块（重数吨至十几吨），小一点的石块也会在泥石流内翻滚。泥石流中石块不仅互相撞击，而且它们对沟底和两侧的岩石也不断地进行撞击，发出巨大的轰鸣，犹如万马奔腾，方圆数平方千米内均可闻及。如果泥石流暴发时你站在高坡上，就能很容易地体会到什么叫“惊心动魄”“惊天地泣鬼神”。雷鸣电闪，头上是乌云翻滚，大雨滂沱；脚下是黑浪滚滚，龙腾蛟跃，泥石流呼啸而过，好一番可怕的景象！

泥石流暴发突然，历时短暂，几十分钟里可以搬运几十万甚至数百万立方米的固体物质，成百上千吨的巨石也被包括其中。其危害性和破坏性比山洪更严重，可以吞噬掉它前进路上遇到的任何东西，真可谓“逆我者亡”了。泥石流通过狭窄的沟谷后堆积下来，被称为泥石流扇，但其分选性和泥石流本身相比更差，其大小混杂、石块叠置的形态也比较奇特。

砍伐森林

近40年里，由于不恰当的砍伐森林和烧山开荒，导致植被被破坏，水土流失严重，山洪和泥石流已经到了不可等闲视之的地步。真希望黄土高坡上的人们提出的“土不下坡，泥不出沟”的口号早日成为现实！

3.泥石流灾害与其他自然灾害的区别

泥石流灾害与其他自然灾害，有三大显著区别：

第一，能量来源不同。火山、地震、海啸等灾害源于地球内部，气象、空间灾害源于太阳，泥石流灾害源于地球的重力势能。造成泥石流的根本原因是地球重力。当某些外界因素发生变化，满足泥石流的发生条件时，长期积累的重力势能会一触即发地释放出来。除了地震，能够触发泥石流的主要原因有两个，一是降水的作用；另一个是人为的不合理的开挖。由于能量来源不同，治理、减轻泥

火山

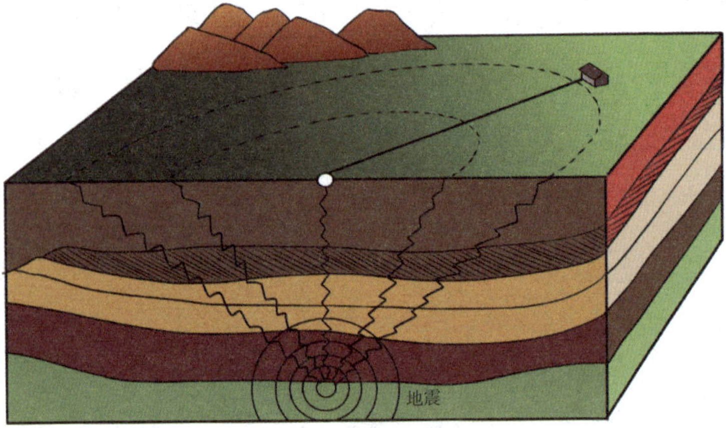

地震

石流灾害的方法也与其他灾害有所不同。

第二，虽然泥石流发生频率高、涉及范围广，但其一次性规模远远小于地震等其他灾害。而且由于它是发生在地表的地质现象，便于观察，所以人们通过长期观测，积累了丰富的资料和经验。因此，人们对于泥石流的发生机理和治理方法的认识，也比对其他灾害成熟。

第三，泥石流灾害所危害的群体不同。泥石流造成的人员伤亡中，农村人口占到了伤亡总数的 80% 以上。泥石流多发区多分布在农村，由于科学知识普及不到位，许多农村发生灾害的原因是房屋选址不当，村民把房屋建在了泥石流沟谷附近，建到了不稳定的滑坡体上，或者在危险的斜坡、沟谷中随意切坡开挖、弃土堵沟、改变河道、修

建池塘等，这些人为的不合理工程为地质灾害的发生留下了巨大的隐患。因此，国家有关部门规定，农村被定为泥

海啸

太阳

石流灾害减灾、防灾工作的重点；另一方面规定，要普及农村防灾、减灾的科学知识。

多年经验表明，地质灾害是可以有效防范的，关键是要让社会公众提高防灾、减灾意识，学习地质灾害防治知识。

2004 年 3 月 1 日起施行的《地质灾害防治条例》是我国第一部关于地质灾害防治的行政法规，它标志着我国地质灾害防治工作走上了规范化、法治化的道路。

虽然我国的地质灾害防治措施在不断完善，但是我们个人也要掌握应急自救的知识，以减少不必要的损失。泥石流灾害发生后，要做两件事：应急和自救。

滑坡、崩塌发生之后，整个山体系统不可能立即稳定下来，此时仍会间断发生落石、滑坍，甚至还会继续发生较大规模的滑坡、崩塌。所以在灾害发生后，千万不可以立即进入灾害区，同时应注意防范继发的泥石流灾害。应立即开展自救、互救，有组织、有计划地搜寻附近受伤和被困的人，在仔细搜寻后，要尽快撤离灾害区。另外灾害发生后，应立即派人将灾情报告给政府部门，以便获得更多的救灾资源，收集更多的灾害信息。

泥石流灾害预防

灾害发生时，虽然要尽快逃离，但也要注意观测，不能盲目，而且要及时通知邻居，使更多的人免遭厄运。那么在发生泥石流灾害时，我们应如何避免泥石流造成的伤害呢？泥石流的暴发一般具有突发性，而且持续时间很短，几分钟就会结束，时间长的也就 1~2 小时。由于准确预测泥石流很不容易，在没有做出预报的情况下，容易造成较大伤亡，如何在遭遇泥石流后正确逃生就显得尤其重要。

1.正确判断泥石流的发生

判断泥石流的发生，除了根据当地降雨情况来估测其可能性外，一些特有的现象也可以作为我们判断泥石流发生的标准。

例如发现河（沟）床中本来正常的流水流量增大，且夹有较多的柴草、树木，或者忽然断流，根据这些都可以确认河（沟）上游已形成泥石流。

假如听到来自深谷或沟内的类似火车轰鸣声或闷雷式的声音时，千万不要掉以轻心，因为即使是极微弱的声音，也足以认定上游泥石流正在形成。若沟谷深处变得昏暗，伴随着轰鸣声且有轻微的震动感，则说明沟谷上游已发生泥石流，要迅速离开危险地段。

2.减轻泥石流灾害的措施

减轻泥石流灾害的措施可分为两种：非应急性措施和应急性措施。

（1）非应急性措施

避让措施：在泥石流发育分布区，只有在查明泥石流沟谷的危害状况后，才能对工矿、村镇、公路、铁路、水库、桥梁等进行选址，开发旅游项目时，尽量避开可能造成直接危害的区域和地段（如泥石流沟的中、上游段及沟口，河道弯道外侧，主支沟交汇地区的低平处，靠近河床的低缓阶地或坡脚处等）。若是实在无法避开，应修建防护工程或采取其他措施。

生物措施：这是最应该提倡的方法，这种方法也是一种长期的有助于减缓泥石流形成的措施。前面我们提到，好的生态环境可以减少泥石流的发生，即使发生了也能达到减轻危害的目的，主要方法是退耕还林、封山育林、固结表土、保持水土。

防护工程

截流工程

工程设施防护措施：以顺坝、护坡、丁坝等来取得防护、排导、拦挡及跨越等功效的工程设施，主要是为保护危害对象免遭破坏。例如，急流槽、排泄沟、渡槽和导流堤等工程的建设可以改善泥石流的流向与流速；修建的储淤场、拦沙坝、截流工程等可以控制、拦截下泄物，削减泥石流的冲击能量。

综合防治措施：指用多种措施相结合的方法来对小流域的泥石流进行全面统一的治理，以有效预防和减少泥石流带来的危害。

预测预报措施：这是须从时间、空间两方面同时入手的一种措施。空间上是指对泥石流发育程度和规模进行危险区域的划分，危险区域可按照地质、地貌、降雨等条件划分出高度危险区、中等危险区和一般危险区；时间上则分为短历时预报和中长期历时预报。

（2）应急性措施

每年 7—8 月是泥石流易发时段，要采取相应的泥石流应急避防措施。首先要避开泥石流危险地，在泥石流发育地区做好泥石流到来之前的防范措施，并采取必要的避险行动，如进行搬迁、建立防护措施等。除此而外，还要提前做好应急部署，对一些尚未受泥石流严重威胁的工矿、学校、村镇等做好防范工作。防范工作主要包括如下几个方面。

普及泥石流知识：对泥石流的相关知识要进行及时到位的普及，并在汛期有组织、有纪律地进行演习训练，使人们遇到灾情时可以临危不乱，将所学运用到实际中，避免人员伤亡。例如北京的北山是泥石流易发区域，当地政府根据当地实际情况总结了一套泥石流应急防范措施及方法——三包四落实，其中三包为包村、包队、包户到人。一旦泥石流发生，当地的安全工作即从乡领导开始逐一向下负责，特别是老、弱、病、残、幼、妇群体的安全均有人负责。

预防工作：泥石流多发生在夏汛暴雨期间，而在这期间，也是人们选择去山区峡谷游玩避暑的最佳时间。因此，选择这个时间进入山区沟谷游玩的人们一定要事先收听当地天气预报，若近期有连续阴雨天气或是有强降雨出现，则不要进入山谷旅游，以免遇到泥石流等灾害。

选择附近安全的地带修建临时避险棚：如较高的基岩台地、低缓山梁上都可作为选择的地点，切忌建在沟床岸边、台地及坡脚、较低的阶地、下游河道拐弯的凸岸或凹岸端边缘。

确保安全后再返回住所：由于泥石流常滞后于大雨发生，因此长时间降雨或暴雨渐小后或刚停，不应马上返回危险区。例如，1991 年 6 月 10 日北京密云县（现密云区）降雨一天，晚 8 时许雨停，某村外出躲避山洪的部分村民回家，可就在这时，泥石流突然来临并袭击村子，造成 5 人丧生。另外，一些黏性泥石流具有阵流特点，阵流间隙经常会被误认为是泥石流险情已过，若这时放松警惕，很可能造成危害，所以应当密切注意。总之，当遭遇泥石流时，应谨慎而行，待确认泥石流不会发生或泥石流已完全结束时，才能解除警报返回住所。

不可存在侥幸心理：在白天降雨较多的情况下，到了晚上或夜间绝对不能掉以轻心，必须密切注意降雨和泥石流前兆，随时做好转移的准备，最好是提前转移，不能存在侥幸心理。

避免泥石流引发的次生灾害：例如，泥石流携带的固体物质容易堵塞河道，堵坝致使上游形成堰塞状态，这个时候就应尽快采取“毁坝”措施疏通河道，使上游囤积的水下泄，避免次生洪水灾害。对于上、下游受到泥石流威胁的地区要做好防灾避险措施。危险地段的公路、铁路和桥梁，应采取限制车辆通行的措施，以免洪水倾泻和泥石流暴发淹没和掩埋交通通道，造成车辆颠覆和人员伤亡。

采取正确的躲避方法：泥石流是流动的，和滑坡、山崩、地震不同，其冲击强度和搬运能力非常大，所以当处于泥石流区时，不能沿沟向上或向下跑，要向离开沟道、河谷地带的两侧山坡上跑，但注意千万不要停留在土质松软、土体不稳定的斜坡上，应选择基底稳固又较为平缓的地方，以免斜坡失稳下滑。另外不要觉得树上是最好的躲避点，泥石流不是洪水，它比洪水的破坏力更加强大，所到之处，沿途一切皆不可幸免，树木很容易就被卷入洪流中。除此之外，河（沟）道弯曲的凹岸和面积狭小高度又低的凸岸也是很危险的地方，因为泥石流还有很强的掏刷能力及直进性，这些地方很可能被泥石流“吞噬”，使人陷入绝境，所以一定要避开。

3.泥石流灾害预防措施

（1）在沟口和沟道上不要建造房屋

受自然条件限制，山麓扇形地上常建有许多村庄。而这些山麓扇形地却是历史泥石流活动的见证。从长远分析，这些沟谷绝大多数都有可能再次发生泥石流。因此，在村庄选址和规划建设过程中要非常慎重，房屋既不能占据泄水沟道，也不宜离沟岸过近，已经占据沟道的房屋应迁移到安全地带。为了避免或减轻因泥石流溢出沟槽而对两岸居民造成的伤害，还要在沟道两侧修筑防护堤和营造防护林。

（2）切忌把冲沟当作垃圾排放场

泥石流的能量相当强大，能将山上的巨石席卷而下，在冲沟中的弃土、弃渣、堆放的垃圾，都会成为泥石流的固体物源，促进泥石流的活动。当弃土、弃渣量达到一定规模的时候，就可能在沟谷中形成堆积坝。一旦堆积坝溃决，泥石流必然发生。因此，在雨季到来之前，为了确保沟道

垃圾堆

洪泄能力良好，最好能主动清除沟道中的障碍物。

（3）重视保护和改善山区生态环境

山区的生态环境对泥石流的发生有着直接的影响，树木不但可以保持水土，也是一道天然的屏障。据统计，山区生态环境越好，泥石流发生的频率就越低、影响范围也越小；反之，泥石流发生的频率就高、影响范围也大。所以提高小流域植被覆盖率是非常重要的。例如，在村庄附近营造一定规模的防护林，这样不但可以抑制泥石流形成、降低泥石流发生频率，就算发生泥石流灾害，也可以减轻灾害程度。

（4）雨季时期避免在沟谷中停留

山区降雨普遍具有局部性特点，所谓“一山分四季，十里不同天”，沟谷下游是晴天，沟谷上游不一定也是晴天，因此要求我们即使在雨季的晴天，也要提防泥石流灾害。雨季的沟谷是十分危险的，所以不要长时间或是尽量避免在其中停留，如果身处沟谷中时，听到上游传来异常声响，应迅速向两岸高处地方逃离。此外在雨季穿越沟谷时，不要鲁莽，要仔细观察，确认安全后再快速通过。

（5）对泥石流的监测和预警

根据监测流域的降水量和降雨过程，或者根据接收天气预报的信息来凭借经验判断降雨激发泥石流的可能性；结合沟谷中松散土石堆积和沟岸滑坡活动情况，分析哪些滑坡堵河可引发泥石流。如果发现下游河水突然断流，很可能是上游发生了滑坡，河道被堵，这是溃决型泥石流的前兆。将观测点设置在泥石流形成区，一旦发现上游形成泥石流，可以及时给下游发出预警信号。

经常对相关建筑和设施进行巡查，及时修补出现问题的坝体，尤其在雨季泥石流多发期要及时采取避灾措施，防止坝体溃决引发泥石流灾害。

第三章

遭遇泥石流的自救与防疫

1.遭遇泥石流的自救措施

泥石流一般是由山区沟谷中的暴雨、冰雪融水等导致的。因为水源大量增加，激发了山洪的暴发，洪水在下泄时，卷带了大量的固体物质和泥沙，从而形成泥石流。泥石流的威力大大强于洪水，来势凶猛，常常给人们的生命财产造成重大危害。下面介绍几种预防泥石流及逃生的方法。

①山谷常成为泥石流下泄的路径，所以若在山谷中遭遇大雨，一定不要在谷底停留过长时间，要迅速转移到安全的高地。

②在山区、半山区旅行时，如听到异常的响声，看到有石头、泥块频频飞落，表示附近可能有泥石流袭来，如果声音已经很大，且越来越大，泥块、石头等明显在附近飞落，则证明泥石流距离已经很近，这个时候不要贪图财物，应立即丢弃随身重物尽快逃生。

③逃生时要向泥石流卷来方向的两侧（横向）跑。

④泥石流所占的横向面积一般不会很宽，要注意观察地形，向未发生泥石流的高处逃避。

⑤在山区扎营时应选好位置，不要在谷地和排洪通道处扎营，河道弯曲汇合处也不是安全的地点，一定要选择

平整的高地作为营地，避开有滚石和大量堆积物的山坡。

⑥经过泥石流多发地段时，不但要注意观察，还要收听当地的天气预报加以防范。

⑦如发生泥石流时情况很危急，可向树林密集的地方逃生躲避。这是由于树木是有效的生物屏障，可以减缓泥石流的滚落速度，减少危害。来不及奔跑时要就地抱住树木。

我国的泥石流灾害主要集中发生在 7—8 月，据不完全统计，这 2 个月发生的泥石流灾害占全年泥石流灾害的 90% 以上。我国泥石流危害严重的地区主要有：川西地区、陕南秦岭、滇西北山区、滇东北山区、大巴山区、辽东南山地、甘南及白龙江流域（以武都地区最为严重）。

人们无论是居住还是从事社会活动等都要尽量避开泥石流多发区，尤其是住宅选址要慎重选择建筑位置，坡道或沟壑附近都要尽量避免，穿越泥石流多发区域时，最好选择泥石流最少的季节通过。

夏季暴雨多发期也是泥石流的多发期，游客是受泥石流困扰最大的群体，而夏季又是人们选择去山区游览的最佳时间。因此，如果去山区旅游，游客一定要注意天气预报，千万不要在大雨天或将有大雨的情况下进入沟谷。

除了暴雨，初春融雪、地震和大型施工活动也是诱发泥石流的重要因素。

①预测泥石流虽然很不容易，但却不能忽视，因为能发现泥石流的前兆是极为重要的。

②普及泥石流相关知识，掌握逃生手段也是很必要的。众多事实表明，慌乱不利于逃生，遇到泥石流时要镇静，应观察泥石流的走向，确定最佳逃生方向。

③不要顺着泥石流可能倾泻的方向跑，要向泥石流倾泻方向的两侧高处躲避。

④有谚语说：“人为财死，鸟为食亡。”如遇到危险，千万不要“爱财不要命”，若在房屋内不要执着于细软，若在户外不要舍不得丢弃随身重物，性命比什么都重要，别忘记还有句谚语叫“留得青山在，不怕没柴烧”。一切

鸟为食亡

财富都可以再创造，如果命没有了，再多的财富又有什么用呢?

⑤有可能的话，逃出时可以多带些衣物和食品。因为一旦灾难发生，通信和交通都有可能处于瘫痪状态，使救援工作陷于困境。泥石流过后的天气往往很阴冷，饥饿和寒冷也会危及生命安全。

⑥泥石流发生后，并不意味着灾难和危险已过，前面我们提到过有些泥石流具有间歇性特点，所以要在确认泥石流完全结束后才能返回。经过刚刚发生过泥石流的地区时，也要特别当心，不仅要注意两旁的堆积物和滚落物，还要注意观察周围环境，最好是绕道找一条安全的路线。

⑦一些依山傍水的村庄，风光固然美丽迷人，但也存在一定的危险，因为这些村庄所处的位置很容易受到山洪和泥石流的侵害。这种情况下，就要修建一些防范设施和避难所，以保证建筑物及村镇的安全。

⑧如果旅游者在旅游时遭遇泥石流，且身处汽车或者火车等交通工具上，应果断放弃交通工具进行逃生躲避。虽然一些交通工具会形成一个保护空间，但是被泥石流掩埋时，泥石流很可能把车厢密封起来，使车内的人窒息而死。

洪水

⑨泥石流还可能引发其他灾难，如之前我们提到的次生灾难——洪水。若是不能采取泄洪措施，则要迅速疏散人群，避开危险地带。

2.适合躲避泥石流的地方

①所谓“水往低处流”，故而发生泥石流时千万不要顺着泥石流方向跑，高处才是安全的。

②若是有可能的话，尽量躲避到离泥石流发生地较远的地方。

③若是来不及跑远，应选择河谷两岸的山坡高处，注意不要选择土质松软的地带。

④泥石流的流径一般不会太宽，若是确认河床两岸土质较为牢固，河床两岸的高处地段也不失为一处好的避难地。

3.灾后食品不足，水源污染了怎么办

泥石流来临时，携带着大量的固体物质和泥沙，很容易将附近的水源污染，这个时候千万不要饮用被污染的水。最好是用山上的野果来充饥、解渴。

要注意的是，食物来源不足或者不稳定时，要有计划地适量进食以维持生命，耐心等待救援。同时不能坐以待毙，若食物短缺，要坚定信念，可以一边寻找山果等食物充饥，一边等待政府救援物资。

水源污染后不要饮用，以免引发中毒对身体造成更大的伤害，可以收集雨水进行饮用。

野果

4.泥石流过后的救援与防疫工作

当遭到泥石流袭击，并且出现灾情后，应该第一时间组织人员对伤员进行抢救，同时进行水、电、交通线路的抢修，以确保救灾工作的顺利开展。

河（沟）经泥石流的袭击之后，其遭到的破坏是毁灭性的，不仅原河（沟）床会被冲淤得难以辨认，穿越或沿河（沟）谷的道路也会被泥石流破坏得面目全非，沿途漂砾、泥沙到处都是，极容易给行人带来伤害，因此，进行救灾抢险时应注意避免各种意外的发生。

泥石流发生时常摧毁并淹没沿途的房屋、牲畜及杂物、污物，所以泥石流活动结束之后应对必要的地段进行清理、消毒或隔离，防止流行病的发生和传播，做好卫生防疫工作。

消毒液

第四章

泥石流灾害的治理

——以东川小江流域泥石流为例

1.人类不合理的活动加剧了泥石流的发生

泥石流灾害环境条件的存在，并不等于会发生灾害。小江流域虽然有了泥石流形成的环境和条件，但史料可查，在 300 年前，那里却没有一点泥石流灾害的迹象。

自人类社会出现以后，由于人们的经济活动扩向山区，无节制的滥垦、滥牧、滥伐，不合理的施工、爆破、开挖等，破坏了地表结构，导致山地环境退化恶变，加剧了泥石流的活动。

人类不合理的活动不仅会导致那些已经衰退或停歇的

采薪伐材

过度放牧

老泥石流活动重新复活，而且会诱发那些没有泥石流活动历史的清水沟发生泥石流活动。

通过实地考察不难得知，上述两种泥石流在小江流域兼而有之。东川地区近几百年来泥石流活动的加剧及灾情的加重，除其固有的地貌、地质环境在起作用外，还有一个重要因素是人类不合理的经济活动。

近几十年来，引水工程漏水、筑路切坡弃土、开矿弃渣、陡坡垦殖、滥伐乱牧等活动比比皆是，更是进一步加剧了泥石流的发展。如小江流域上游东支大白河左岸的大白泥沟，就是由于陡坡垦殖破坏山坡地表，导致泥石流频繁暴发。

2.泥石流灾害是环境不断恶化的表现

目前，小江流域的泥石流正处于活跃和发展时期。泥石流活动引起的地质环境问题，如不良地质现象；自然环境问题，如山体荒芜、土地沙化、水土流失严重；生态环境问题，如森林植被被破坏。这些现象持续不断恶化，其表现大致为以下几点。

（1）泥石流灾害十分突出

在通过小江流域 86 千米的小江两岸有 123 条一级支沟，其中泥石流沟占 85%，且在 100 余条泥石流沟中有 27 条灾害严重。据不完全统计，在 2005 年前的近 30 年间，小江流域泥石流成灾 35 次，毁坏约 2693 平方米农田，导致 211 人死亡，另有 90 人遭受不同程度的伤害，毁坏铁路、公路，阻车 1217 天，造成直接经济损失约 1.3 亿元。小江河道年淤量达 4200 余万吨，注入金沙江近 2000 万吨。由于环境破坏严重，山坡和河谷快速“荒漠化”和“沙石化”。

1985 年 5—6 月，东川小江两岸发生了有史以来最严重的一次大规模山洪泥石流，其范围包括拖沓沟、里里乐沟、小白泥沟、黑水河、大白泥沟、老干沟、达德沟、甘沟、汪家箐、腊利沟、石羊沟、徐家小河、桃家小河等。东川铁路自 1966 年通车以来，每年都遭受不同程度的泥石流危害，影响正常通车，但在此次泥石流中受灾最严重。

20 世纪 80 年代以来，泥石流造成东川铁路中断的时间越来越长，每年给铁路造成的损失也越来越大。这次泥

土地沙化

石流致使铁路完全中断且需要改道重建，同时冲毁公路数处，导致上百辆汽车受阻，大量泥沙阻塞主河，大片农田被淹。

（2）林地覆盖率低

东川是我国重要的铜矿产地之一，从唐朝开始就有人在这里开矿炼铜，炼铜最盛的清朝乾隆年间，最高年产量达 800 多万千克，每年需要木炭 0.8 亿千克，由此推断，每年大约砍伐 10 平方千米林地用于炼铜。

20 世纪 50 年代初期，小江流域林地覆盖率约为 30%，1974 年林地覆盖率降到 19.4%，1979 年进一步下降到 14.9%，到 1985 年东川林地覆盖率仅为 13.3%。

由于该区植被系统遭受严重破坏，导致本区生态环境十分恶劣，水土流失严重。

木炭

铜矿石

（3）水土流失严重

小江流域分别经历了1733年、1833年、1966年和1983年四次大的地震活动，加之伐林炼铜引起的严重的水土流失，特别是沟谷两侧不良地质过程加剧，如崩塌、滑坡、滚石等，导致泥石流的强烈活动。

据不完全统计，从20世纪60年代到80年代，小江流域的土壤侵蚀状况逐年恶化，如1960年侵蚀面积占总面积的52%。据1987年云南省水利厅资料显示，小江流域水土流失面积已达1273平方千米，占1858平方千米总土地面积的68.5%。

（4）不良地质过程（崩塌、滑坡、岩崩）十分发育

小江流域的地质构造和岩性都十分脆弱，正处小江深大断裂的破碎地带，有史以来经历了四次大的地震（1733年、1833年、1966年和1983年），加之近几十年矿产资源的不合理开发，农田、水利、道路等的不合理规划，小江流域的崩塌、滑坡一触即发，使该区域本来就很脆弱的地质环境进一步恶化。地质环境是自然环境和生态环境的基础，应成为重点保护对象。

3.泥石流灾害的治理初见成效

近几十年来，我国泥石流防治经历了一个由小到大，由单一的工程措施到综合治理的过程，一个比较完整的符合我国国情的控制和减轻泥石流灾害、恢复和优化环境的防治模式也开始形成，在许多地区已经取得了初步成效。据初步估计，我国已治理了近100条泥石流沟，经过综合治理的有近20条沟。

东川小江流域是我国泥石流重点整治区，虽然在1985年以前对其进行过局部治理，但是灾害环境恶化的发展已经超过了治理的步伐。到1985年以后，由于环境问题十分突出，致使东川地区灾害环境走到非治不可的地步。要使东川人民安居乐业、发展经济，在全面治理泥石流沟的同时，还要进行植树造林，保持水土，加强环境的保护和管理工作。经过多年的努力，现在已经初见成效，表现在以下几个方面。

（1）控制水土流失，改善自然环境

1960—1990年已治理水土流失面积145平方千米，年平均治理4.83平方千米。1988年以后随着治理速度的加快，年平均治理10平方千米。主要是治理一些危害较为严重的泥石流沟，加强防护林建设，将各类侵蚀面积减少，降低

侵蚀程度。

(2)植树造林，优化生态环境

为了扭转当地森林植被年年减少的局面，提高林地覆盖率，东川从20世纪80年代中期开始采取保持水土，大力加强植树造林等措施，优化生态环境。经过努力，东川林地面积不断扩大，大大改善了当地灾害环境。特别是经过多年的引种试验，找到了金钱松、新银合欢、羊毛草和剑麻等适合该地区的优势植物。

金钱松

(3)综合治理泥石流沟，控制和减轻灾害环境的发展

对东川107条泥石流沟中的25条进行重点规划和综合治理。现已完成治理的有石羊河、大桥河、尼拉姑、黑水

沟、小水沟、老干沟、达德沟、黑沙沟、小石洞沟、拖沓沟等 18 条沟，其余也正按规划投入资金进行治理。同时建成 154 座拦沙坝、890 座谷坊；建成了通往东川的 5 座公路桥，确保遇雨阻车、大雨断道的现象不会再出现。

（4）全面规划，逐步治理，加强管理

东川在 1984 年以前，为保护铁路、矿山免遭泥石流危害而开展了局部治理，并以大桥河泥石流流域为综合治理试点，对全流域进行全面规划。在以后的时间里，更是通过实施各种管理措施，不断加强对环境的治理。1984 年，东川市成立了泥石流防治研究所，并与中国科学院山地研究所合作，完成了“云南小江泥石流域综合考察与防治规划研究”工作。同一年，还编制了《云南东川市后山泥石流综合治理规划》。为了加强上述规划的实施和管理，1987 年成立了“东川市泥石流防治领导小组”，1989 年长江上游防护林工程在东川市启动，1992 年，东川市又实施治沙工程。

东川地区灾害环境经过治理已有明显效果，当地的环境也得到了很好的改善。